H. Weber, Th. Kastenholz, St. Zalewski

Übersicht aktueller Displaytechnologien und deren Anwendung

D1724094

GRIN - Verlag für akademische Texte

Der GRIN Verlag mit Sitz in München und Ravensburg hat sich seit der Gründung im Jahr 1998 auf die Veröffentlichung akademischer Texte spezialisiert.

Die Verlagswebseite www.grin.com ist für Studenten, Hochschullehrer und andere Akademiker die ideale Plattform, ihre Fachtexte, Studienarbeiten, Abschlussarbeiten oder Dissertationen einem breiten Publikum zu präsentieren.

Dokument Nr. V119690 aus dem GRIN Verlagsprogramm

H. Weber, Th. Kastenholz, St. Zalewski

Übersicht aktueller Displaytechnologien und deren Anwendung

GRIN Verlag

Bibliografische Information Der Deutschen Bibliothek: Die Deutsche
Bibliothek verzeichnet diese Publikation in der Deutschen Nationalbibliografie;
detaillierte bibliografische Daten sind im Internet über http://dnb.ddb.de/
abrufbar.

1. Auflage 2008
Copyright © 2008 GRIN Verlag
http://www.grin.com/
Druck und Bindung: Books on Demand GmbH, Norderstedt Germany
ISBN 978-3-640-23835-4

FOM – Fachhochschule für Ökonomie und Management

Leverkusen

Fallstudie I

Seminararbeit

Übersicht aktueller Displaytechnologien und deren Anwendung

Autoren: Kastenholz, Thorsten

Weber, Holger und Zalewski, Stefan

Bearbeitungszeitraum: 06.11.2007 – 20.01.2008

Leverkusen, den 18.01.2008

Inhaltsverzeichnis

Abkürzungsverzeichnis

Vgl.	Vergleiche
z.B.	zum Beispiel
Hrsg.	Herausgeber
engl.	Englisch
d.h.	das heißt
n.Chr.	nach Christus
bzw.	beziehungsweise
S.	Seite
ff.	fort folgende
o.V.	ohne Verfasser
ms	Millisekunden

Abbildungsverzeichnis

Tabellenverzeichnis

1 Einleitung

Seit den ersten bewegten Bildern, die die Zuschauer anzogen, bis hin zu den Plasma- und LED-Bildschirmen, ist die Entwicklung im multimedialen Bereich bis heute ungebremst. Fast täglich kommen Verbesserungen der bereits vorhandenen Technologien oder Neuerungen auf den Markt. Viele dieser Technologien können unser tägliches Leben erleichtern oder tun dies bereits und andere sind schlichtweg unnötig. Letztere verschwinden sehr schnell wieder vom Markt.

Das Ziel dieser Arbeit ist ein Grundverständnis der Technologien, der Anwendungen und Einordnungen der wichtigsten Begriffe. Des Weiteren sollen die Unterschiede zwischen den Technologien, sowie deren Vor- und Nachteile näher erläutert werden. Zum Schluss werden Anwendungen von Heute und Morgen, sowie mögliche Anwendungen von Übermorgen beschrieben.

Im zweiten Kapitel werden die Grundlagen der Technologien erklärt und abgegrenzt. Beginnend von der Braunschen Röhre bis hin zu den heutigen und zukünftigen Technologien wird auf die einzelnen darstellenden und nichtdarstellenden Technologien eingegangen. Dabei wird jeweils kurz jede Technologie erklärt, um ein Grundverständnis für die späteren Kapitel zu erlangen.

Im dritten Kapitel findet ein Vergleich zwischen den unterschiedlichen Anwendungen der Display-Technologien statt und es werden die Vor- und Nachteile aufgezeigt. Bei den Vergleichen kann auf Grund des unerschöpflichen Themas nur ein kleiner Vergleich vorgenommen werden, da dieser sonst den Rahmen sprengen würde.

Im vierten Kapitel werden die Anwendungen von Heute, Morgen und Übermorgen näher erläutert. Auch hier wurde auf Grund der Größe dieses Themengebietes die Auswahl der Anwendungen eingeschränkt. Im Bereich von Heute und Morgen werden daher nur Anwendungen aufgeführt, die neu auf dem Markt sind oder sich gerade etablieren. Im Bereich von Übermorgen, der geschätzte 6-10 Jahre beträgt, ist eine Einschätzung der möglichen Anwendungen, aufgrund des schnellen Wandels der Technik, nur sehr schwer möglich. Daher werden hier nur Anwendungen beschrieben, bei denen eine wahrscheinliche Chance auf Marktreife oder Weiterentwicklung besteht.

2 Vorstellung der wichtigsten Technologien und Einordnung der Begriffe

Es gibt eine Vielzahl von Technologien und Begriffen, die sich mit der visuellen Anzeige von Informationen befassen. Viele Begriffe sind nur als Abkürzung bekannt oder die Technologie die hinter dem Begriff steht, ist unbekannt. Alleine von den modernen Displays (engl. to display = anzeigen) ist die Braunsche Röhre seit über 100 Jahren im Einsatz.[1]

2.1 Cathode Ray Tube

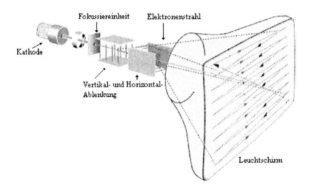

Abbildung 1 – Braunsche Röhre[2]

CRT-Displays (engl. Cathode Ray Tube) basieren auf der Kathodenstrahlröhre oder allgemein Elektronenstrahlröhre. Eine Kathodenstrahlröhre besteht aus einer Kathode, einem Fokussier- und Beschleunigungssystem, dem Leuchtschirm und der Ablenkungseinheit, welche in einem mit Vakuum (materiefreier Raum) gefüllten Glaskörper integriert sind. Die Kathode emittiert einen Elektronenstrahl welcher im Fokussiersystem gebündelt wird. Der Elektronenstrahl passiert dann die Ablenkungseinheit, wo er horizontal und vertikal umgelenkt wird. Der mit Phosphoren beschichtete Leuchtschirm emittiert Photonen an der Stelle, an der der Elektronenstrahl den Leuchtschirm trifft (Kathodolumineszenz). Das Beschleunigungssystem sorgt dafür, dass der Elektronenstrahl mit einer bestimmten Geschwindigkeit den

---

[1] Vgl. Pichler (1997)
[2] Vgl. Käser (2007)

Leuchtschirm erreicht.[3]

2.2 Surface-Conduction Electron-Emitter Display

Bei der SED-Technologie (Surface-Conduction-Electron-Emitter-Display) werden Elektronen gezielt auf die fluoreszierende Schicht aus Phosphoren emittiert. Die Menge der Elektronen-Emittern ist genauso groß wie die Menge der Bildpunkte. Die Elektronen werden im wenige Nanometer breitem Spalt (dem so genannten Nano-Slit) erzeugt.[4]

2.3 Liquid Crystal Display

Bei LCDs (Liquid Crystal Display) werden eingeschlossene Flüssigkristalle durch eine elektrische Spannung entlang der Feldlinien ausgerichtet. Diese Ausrichtung verändert die optischen Eigenschaften des Bildschirms an dieser Stelle. Über eine Matrix werden die einzelnen Zellen des Displays angesteuert. Die Twisted Nematic Cell (TN Cell) ist die Zelle mit der größten Verbreitung.

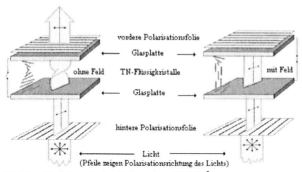

Abbildung 2 – Schematischer Aufbau einer TN Zelle[5]

Bei der TN-Zelle befindet sich zwischen zwei um 90° zueinander angeordnete Polarisationsfolien ein nematischer Flüssigkristall. Dieser Flüssigkristall bewirkt eine kontinuierliche Verdrehung des Lichtes von 90°, ohne angelegte elektrische Spannung. Beim Durchlaufen der Schicht wird das Licht elliptisch polarisiert (90° gedreht zur ersten

---

[3] Vgl. ITwissen_CRT (2007); chemie.de (2007); Hansen/Neumann (2005) S. 258
[4] Vgl. SED (2007)
[5] Vgl. Ponnath (1991)

Polarisationsfolie), ist nun parallel zur zweiten Polarisationsfolie und kann diese passieren. Die Zelle ist somit lichtdurchlässig (transparent). Wird eine Spannung an den Flüssigkristall angelegt, so richten sich die Kristalle parallel zum elektrischen Feld aus. Ab einer Schwellenspannung sind alle Flüssigkristalle in der Schicht, senkrecht zur ersten Polarisationsfolie ausgerichtet, ausgenommen der Übergangsbereiche. Dadurch wird die Polarisationsebene des Lichtes nicht mehr um 90° gedreht.[6]

2.3.1 Passiv Matrix Display

Bei einer passiven Matrix wird das elektrische Feld für die TN-Zelle am Kreuzungspunkt von zwei Leiterbahnen erzeugt. Ein viel schwächeres Feld entsteht entlang der beiden Leiterbahnen und erzeugt Bildverfälschungen. Bei PM-Displays (Pasic Matrix Display) kommen die nachfolgenden TN-Zellen zum Einsatz.

Super-Twisted-Nematic: Bei dem Super-Twisted-Nematic (STN) beträgt die Verdrillung der Flüssigkristalle nicht 90°, wie bei TN, sondern 180° bis 270° (meist bei 240°). STN weist in Bezug auf Kontrast und Blickwinkel Vorteile gegenüber TN-Displays auf, allerdings entstehen durch Dichroismus Farbverschiebungen.

Double Super Twisted Nematic: Zwei um 270° zueinander gedrehte (eine 270° im Uhrzeigersinn, die andere 270° gegen den Uhrzeigersinn), aufeinander stehende STN nennt man Double Super Twisted Nematic (DSTN). Diese Anordnung kompensiert die Farbverschiebung der STN.

Triple Super Twisted Nematic: Das Kontrastverhältnis wird durch eine dritte STN-Zelle weiter verbessert. Diese Anordnung hat die Bezeichnung Triple Super Twisted Nematic (TSTN).[7]

2.3.2 Aktiv Matrix Display

Bei einer aktiven Matrix befindet sich an jedem Kreuzungspunkt ein Signalverstärker, welcher das elektrische Feld für die TN-Zelle erzeugt. Mit AM-Displays (Aktiv Matrix-Display) kann man größere Displays herstellen als mit PM-Displays.

---

[6] Vgl. LCD (2007); Hansen/Neumann (2005) S. 259ff
[7] Vgl. Rechenberger (1999) S.252

Thin Film Transistor: Bei einem TFT-Display (engl. Thin Film Transistor, TFT) ist der Signalverstärker ein Dünnfilmtransistor, welcher einen einzelnen Pixel (eine TN-Zelle) ansteuert. Der Transistor hält über einen Kondensator die Spannung aufrecht, der mit jedem Bildaufbau aufgefrischt wird.[8] Da der Blickwinkel bei normalen TN-Zellen nicht optimal ist, sind verschiedene Verfahren entwickelt worden diesen zu verbessern:

2.3.3 Andere Liquid Crystal Technologien

Es gibt einige neuere Flüssigkristall-Technologien, welche nicht auf der TN-Zelle basieren.

In Plane Switching: Die Flüssigkristalle bei In Plane Switching (IPS) sind parallel in einer Ebene zur Bildschirmoberfläche angeordnet. Bei angelegter Spannung drehen sich die Flüssigkristalle in der Bildschirmebene anders als bei der normalen TN-Zelle.[9]

Vertically Aligned: Die Flüssigkristalle sind bei der Vertically Aligned Technology (VA-Technology) senkrecht zur Polarisationsfolie und der Glasschicht angeordnet, wenn kein elektrisches Feld anliegt. In dieser Anordnung werden die Photonen der Hintergrundbeleuchtung absorbiert. Wird das elektrische Feld nun eingeschaltet, orientieren sich die Flüssigkristalle horizontal und das Licht kann den Kristall passieren.

Muli-domain Vertical Alignment: Muli-domain Vertical Alignment (MVA) ist eine Verbesserung der VA-Technology, bei der ein Pixel aus zwei oder mehr Domänen (Bereichen) besteht. In jeden dieser Bereiche orientieren sich die Flüssigkristalle anders. Dies wird durch Vorsprünge realisiert. Aus diesem Grund befinden sich die Flüssigkristalle nicht mehr 100% senkrecht zur Polarisationsfolie[10]

---

[8] Vgl. Chalmers (2007)
[9] Vgl. Liquid Crystals (2007)
[10] Vgl. Koden (2007)

Ferroelectric Liquid Crystal: Bei ferroelektrischen Flüssigkristallen (engl. Ferroelectric Liquid Crystal, FLC) werden diese durch Anlegen eines elektrischen Feldes in der Smektischen Phase („Als smektisch werden flüssig-kristalline Phasen bezeichnet, in welchen parallelorientierte Moleküle in Schichten gepackt sind."[11]) polarisiert. Die durch das elektrische Feld erzeugte Orientierung der Moleküle ist stabil. Somit ergeben sich je nach Feldrichtung zwei stabile Zustände.[12]

Polymer Dispersed Liquid Crystal: Bei der Polymer Dispersed Liquid Crystal Technology (PDLC) verteilen sich in einem Polymer Tropfen von Flüssigkristall. Diese mikrometergroßen Tropfen, in der Wellenlänge des Lichts, orientieren sich bei Anlegen eines elektrischen Feldes in Richtung des Feldes. Wenn die Flüssigkristalltropfen in Feldrichtung ausgerichtet sind, lassen sie das Licht passieren.[13]

2.4 Light-Emitting Diode

Eine Leuchtdiode (engl. Light Emitting Diode, LED) besteht aus den Halbleiterschichten p und n. Der Halbleiter der p-Schicht wurde so dotiert, dass er viele Löcher (fehlen von Elektronen) aufweist. Im Gegensatz dazu steht der Halbleiter der n-Schicht, der über einen Elektronenüberfluss verfügt. Die Grenzschicht zwischen den beiden Schichten ist neutral und dementsprechend eine Barriere. Die Elektronen überschreiten diese Grenze, wenn eine genügend große Spannung angelegt wird. Diese rekombinieren dann mit den Löchern auf der p-Schicht, wobei elektromagnetische Energie freigesetzt wird (siehe Abbildung 3). Diese Energie kommt von dem Potenzialunterschied zwischen Elektron und Loch. Die elektromagnetische Energie wird als Photon freigesetzt und hat je nach Halbleiter eine bestimmte Wellenlänge. Um anders farbiges Licht zu erzeugen, kombiniert man verschieden farbige LEDs oder die Photonen werden von Phosphoren in andere Wellenlängen umgewandelt.[14]

Discrete LED: Bei Displays mit diskreten LEDs, sind einzelne LEDs zu einem großen Display vereinigt oder das Display hat nur wenige Segmente.

---

[11] Wirth (2001) Seite 4
[12] Vgl. Wirth (2001) Kapitel 3
[13] Vgl. PLC (2007)
[14] Vgl. Wyckoff (2007)

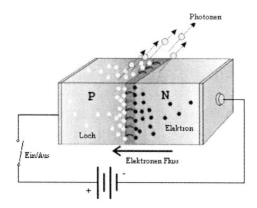

Abbildung 3 – LED Funktion pn-Übergang[15]

Surface Mounted Device LED: Wenn man die LED-Bauform verkleinert, wird diese zur SMD-Bauform (engl. Surface Mounted Device, Oberflächen montierbares Bauteil). Diese sind so klein, dass sie (fast) nur noch maschinell verarbeitet werden können. Mit diesen kleinen, meist rechteckigen LEDs, lassen sich einfach große Displays erstellen.[16]

2.4.1 Organic LED

Bei einer organischen oder polymeren LED (engl. Organic Light Emitting Decive, OLED) wird der Halbleiter durch ein Polymer ersetzt. Es gibt 1-, 2- oder 3-Schicht OLEDs. Sie unterscheiden sich durch den Aufbau der Polymer-Schicht. Bei 2- und 3-Schicht OLEDs unterteilt sich die Polymer-Schicht in einen Lochleiter und eine Elektronenleiter, wobei eine Rekombinationsschicht im 3-Schicht OLED diese beiden Leiter trennt. Auf einem transparenten Substrat (Glass oder Polymere) wird die Anode (meist aus Indium-Zinn-Oxid, ITO) aufgebracht. Auf dieser wird dann die entsprechende Anzahl von Schichten aus Polymer aufgetragen, welche durch die Kathode abgeschlossen wird.[17]

---

[15] Vgl. LED (2007)
[16] Vgl. PCLights (2007)
[17] Vgl. Stümpflen (1997)

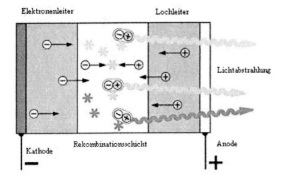

Abbildung 4 – Funktionsübersicht OLED[18]

2.4.2 Quantum Dot LED

Ein Quantenpunkt (engl. Quantum Dot, QD) ist eine Struktur, welche meistens aus Halbleitermaterial mit einem Durchmesser von ca. 50 Atomen (2-10 Nanometer) besteht. Momentan werden Quantenpunkte in zwei unterschiedlichen Methoden bei LEDs bzw. OLEDs eingesetzt. Einmal ersetzen sie den Phosphor und wandeln ultraviolettes Licht in sichtbares Licht um, anderseits setzt man Quantenpunkte als eine Schicht LEDs bzw. OLEDs ein.[19]

2.5 Projektion

Bei Bildprojektionen wird ein Bild von einer Lichtquelle auf eine Projektionsfläche geworfen. Dies kann man mit einfachen Mitteln schnell realisieren. Eine auf eine Wand gerichtete Lichtquelle reicht in diesem Fall schon aus. Gegenstände zwischen der Lichtquelle und der Projektionsfläche werfen Schatten auf die Projektionsfläche. So wurden früher erste bewegte Bilder auf eine Leinwand projeziert, indem man Puppen vor der Lichtquelle bewegte. Erste Aufzeichnungen gibt es aus der Sung-Dynastie in China um 1000 n.Chr.[20] Bei Farbprojektionen, wie sie heute üblich sind, werden meist nachfolgend beschriebene Technologien benutzt.

---

[18] Vgl. OLED (2008)
[19] Vgl. Nanoco (2007); PhysLink (2008) ; Fischer (2008)
[20] Vgl. Reusch (2008)

2.5.1 Digital Light Processing

Bei der Digital Light Processing (DLP) Technology wird ein digitales Mikrospiegelgerät (engl. Digital Micromirror Device, DMD) eingesetzt. Das DMD besteht aus genauso vielen kleinen beweglichen Spiegeln (< 10 µm), wie das DLP Bildpunkte hat. Jeder dieser Spiegel kann mehrere tausend Mal pro Sekunde der Lichtquelle zu- oder abgewandt sein. Je nachdem wie oft der Spiegel der Lichtquelle zu- (ein) bzw. abgewandt (aus) ist, erscheint der Bildpunkt heller oder dunkler. Dadurch sind bis zu 1024 Graustufen darstellbar. Das reflektierte Bild wird durch eine Projektionsoptik an die Leinwand geworfen. Bei 1-Chip Systemen wird eine Scheibe mit Farbfiltern (Farbradfilter) vor der weißen Lichtquelle rotiert. Es fallen nacheinander die verschiedenen Farben auf den Mikrospiegel und dieser reflektiert sie entsprechend der Sättigung der Farbe. Aufgrund der Trägheit des menschlichen Auges, kombiniert dieses die hintereinander kommenden Farben dann zu einem Farbton. Bei 3-Chip Systemen wird das weiße Licht durch ein Prisma in die Farben Rot, Blau und Grün aufgespalten. Jede der Farben wird zu einem eigenen DLP geleitet und dort entsprechend der RGB-Werte des Bildes reflektiert. Die drei einzelnen Bilder werden vor der Projektionsoptik wieder zusammengeführt.[21]

2.5.2 LCD-Projektion

Bei LCD-Projektion setzt man heutzutage meist auf die Benutzung eines TFT-Panel. Das Panel wird zwischen der Projektionsoptik und der Lichtquelle platziert. Bei Farbdisplays arbeitet man, ähnlich wie bei der DLP-Technologie, mit Farbfiltern und Pixelüberlagerung. Dies wird entweder mit einem LCD-Panel oder mit drei Panels für die Farben Rot, Grün und Blau realisiert. Die Aufteilung in die drei Farben geschieht über dichromatische Spiegel oder die Teilung des Lichtes durch einen Polarisationssplitter in drei Lichtstrahlen, die über Farbfilter gefärbt werden.

3LCD: Bei der 3LCD-Technologie erfolgt die Zerlegung des Lichtes mit zwei dichromatischen Spiegel in die Farben Rot, Grün und Blau. Jede Farbe wird an ein LCD-Panel geleitet und dort entsprechend der Bildinformation von der Zelle des Bildpunktes hindurch gelassen. Die drei LCD-Panels sind u-förmig um ein Prisma angeordnet, das die drei

---

[21] Vgl. DLP (2008)

Teilbilder wieder vereinigt und an die Projektionsoptik weitergeleitet.[22]

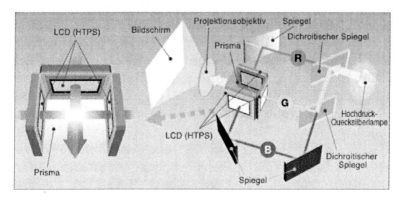

Abbildung 5 – Aufbau 3LCD[23]

2.5.3 Liquid Crystal on Silicon

Bei der Liquid Crystal on Silicon (LCoS) Technologie wird auf einer CMOS-Schicht (engl. Complementary Metal Oxide Semiconductor) eine reflektierende Schicht aufgebracht. Auf dieser Schicht werden die Flüssigkristallzellen aufgetragen. Diese Zellen sind meistens von zwei Ausrichtungsschichten (engl. alignment layer) umgeben, die das Licht entsprechend der verwendeten Flüssigkristalle polarisieren. Die nächste Schicht besteht oft aus transparenten Dünnfilmtransistoren. Die Flüssigkristallzelle lässt entsprechend ihrer Ansteuerung den Lichtstrahl passieren. Der Strahl trifft dann auf die reflektierende Schicht. Verschiedene Konzerne haben ihre eigene LCoS-Technologie unter anderen Namen entwickelt. Die LCoS Technologie heißt z.B. bei JVC D-ILA (Digital Direct Drive Image Light Amplifier) und bei Sony SXRD (Silicon X-tal Reflective Display). Der Aufbau des Projektors (1 Chip bzw. 3-Chip) verhält sich wie bei DLP, wobei DLP durch LCoS ersetzt wird.[24]

2.6 Laser

Ein Laser (engl. Light Amplification by Stimulated Emission of Radiation) setzt sich aus einem aktiven Medium, einer Pumpe und einem optischen Resonator zusammen. Der optische

---

[22] Vgl. 3LCD (2008)
[23] Vgl. 3lcd (2005)
[24] Vgl. Wilson (2008); D-ILA (2008); SXRD (2003)

Resonator (siehe Abbildung 6) besteht meist aus zwei Spiegeln, wovon ein Spiegel teildurchlässig ist. Der Abstand der Spiegel zueinander entspricht der Wellenlänge des aktiven Mediums. Das aktive Medium ist ein Molekül (z.b. CO oder HeCd), das Photonen in der gewünschten Wellenlänge des Lasers emittieren kann. Ein Laser nutzt das Prinzip der induzierten Emission (siehe Abbildung 7), um Photonen der gewünschten Wellenlänge zu erzeugen. Bei der induzierten Emission setzt ein Photon ein weiteres Photon im Molekül gezielt frei. Dieses neue Photon entsteht, weil ein Elektron von einem höheren Energieniveau in ein niedrigeres wechselt. Dieser Wechsel ist nur quantisiert möglich, d.h. ein Elektron kann nicht kontinuierlich weniger Energie haben, sondern nur in festen Sprüngen. Um immer genügend Elektronen auf dem hohen Energieniveau zu haben, benutzt man eine Pumpe die Elektronen wieder anregt, auf höhere Energieniveaus zu wechseln. Damit der Laser oszillieren kann, muss der Lichtstrahl während eines Umlaufes (round-trip) die entstehenden Verluste kompensieren oder übertreffen. Die Verluste bestehen aus dem emittierten Laserstrahl, der den Resonator am teildurchlässigen Spiegel verlässt, und durch Reflexionsverluste an den Spiegeln. Die Kompensation geschieht durch die induzierte Emission von neuen Photonen durch den Lichtstrahl im aktiven Medium.

Der Laserstrahl der den Resonator verlässt, verläuft fast parallel und hat eine hohe Intensität, die man mit Fokussieren weiter verstärken kann. Außerdem ist das Licht des Strahls annähernd monochromatisch, kohärent und polarisiert.[25]

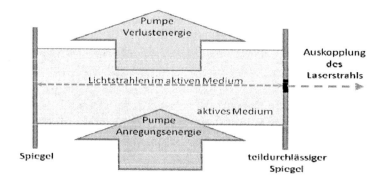

Abbildung 6 – Aufbau Resonator[26]

---

[25] Vgl. Kneubühl (1995); Vgl. MPG (2006)
[26] Vgl. ACSYS (2008)

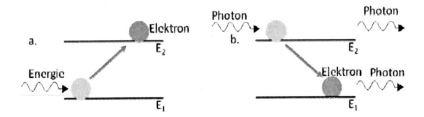

Abbildung 7 – a. Absorption von Energie b. induzierte Emission[27]

Laser-TV: Beim Laser-TV wird der DLP-Projektionschip durch ein Array aus Laser-Dioden ersetzt. Dieses Array besteht aus Dioden in den Farben Rot, Grün und Blau (RGB), die das Licht auf die Projektionsfläche werfen.[28]

Laser Display Technology: Bei der Laser Display Technology (LDT) wird der Laserstrahl aus drei Strahlen von Festkörperlasern moduliert. Die drei Laser haben die Farben Rot (628nm), Grün (532nm) und Blau (446nm) und werden entsprechend der RGB-Werte des Bildes moduliert. Dieser modulierte Strahl wird über einen Lichtwellenleiter zum Projektionskopf geleitet, wo er über einem auf zwei Achsen (horizontal und vertikal) gelagerten Spiegel zur Projektionsfläche umgeleitet wird.[29]

2.7 Plasma Display Panel

Ein Plasma Display Panel (PDP) besteht aus vielen kleinen Kammern, die mit einem Edelgasgemisch (Neon Xenon Gemisch) gefüllt sind. Die Klammern befinden sich zwischen zwei Glassubstraten. Auf dem Frontglas befinden sich auf der Innenseite transparente Datenleitungen, eingebettet in eine dielektrische Schicht. Diese wird durch eine Schutzschicht aus Magnesiumoxid (MgO) zur Kammer hin geschützt. Auf dem hinteren Glasubstrat befindet sich auch eine Datenleitung, die in eine dielektrische Schicht eingebettet ist. Die Datenleitungen bilden ein Gitter, wobei die Leitungen auf der Vorderseite horizontal und auf der Rückseite vertikal angeordnet sind. Ein Phosphor befindet sich in der Kammer auf der Rückseite und den Trennwänden. Bei Anlegen einer Spannung an eine Zelle, wird das sich darin befindliche Gasgemisch kurzfristig ionisiert und zu einem Plasma. Dieses emittiert

---

[27] Vgl. Mayerbuch (2000)
[28] Vgl. Laser-TV (2006)
[29] Vgl. LDT (2008)

infrarotes Licht, das am Phosphor der Kammer in rotes, grünes oder blaues (je nach Phosphor) Licht gewandelt wird. Jeder Bildpunkt besteht aus je einer Kammer rot, grün und blau. Je häufiger pro Intervall das Plasma erzeugt wird, umso intensiver ist die einzelne Farbe. Die einzelnen Farben der Kammern werden somit als eine Farbe wahrgenommen.[30]

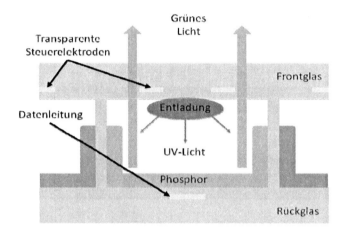

Abbildung 8 – Funktionsweise PDP[31]

2.8 Field Emission Display

Feldemissionsbildschirme (engl. Field Emission Display, FED) funktionieren ähnlich wie Kathodenstrahlröhren, nur wird hier für jeden Bildpunkt ein Elektronenstrahl erzeugt. Jeder Bildpunkt ist eine kleine Zelle, die eine Elektronenquelle besitzt. Die Elektronen werden auf die Phosphoren an der Bildunterseite geschossen.[32]

[30] Vgl. Harris (2008)
[31] Vgl. ITwissen_PDP (2007)
[32] Vgl. FED (2008)

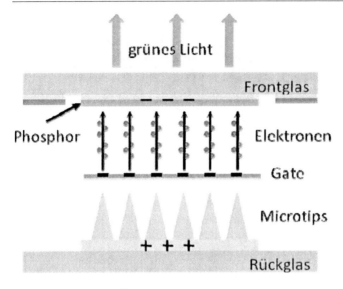

Abbildung 9 – FED Aufbau[33]

2.9 Nicht darstellende Technologien

Nicht alle Technologien beschäftigen sich mit der Darstellung von Bildern. Einige sorgen für mehr Datensicherheit durch Blickschutz. Andere geben Displays zusätzliche Funktionen zur Dateneingabe.

2.9.1 Vikuiti Blickschutz

Der von 3M entwickelte Vikuiti Blickschutz verkleinert den Betrachtungswinkel eines Displays auf 30° oder weniger. Hierbei werden schwarze nicht reflektierende Lamellen zwischen zwei Folien angebracht. Die Lamellen sind wenige zehntel Millimeter hoch und stehen in einem Abstand von weniger als einem zehntel Millimeter zueinander.[34]

---

[33] Vgl. Saint-Gobain(2008)
[34] Vgl. Vikuiti (2008)

2.9.2 Touchscreen

Bei einem Touchscreen oder Multitouchscreen werden Bewegungen auf dem Display an eine Anwendung weitergegeben. Die Positionen der Berührung bzw. mehreren Berührungen, kann durch verschieden Technologieren erfasst werden.

Analog resistive Technology: Resistive Touchscreens besitzen eine flexible obere Schicht und eine untere Glasschicht. Diese sind durch isolierte Abstandshalter (engl. Spacer Dots) getrennt. Beide Schichten sind mit einem transparenten Leiter überzogen. Auf beiden Leitern wird ein Spannungsgefälle erzeugt. Durch Berührung der Oberfläche berühren sich beide Leiter und der Spannungsgradient ändert sich. Über diese Änderung kann man die Position der Berührung berechnen. Hierfür wird meist der äußere Spannungsgradient als y-Achse und der innere als x-Achse genutzt.[35]

Dispersive Signal Technologie: Einen anderen Ansatz verfolgt die Dispersive Signal Technologie. Hier werden die Vibrationen der Berührung erkannt. Sensoren messen die Vibrationsenergie und übermitteln diese Daten zur Dispersionsanalyse, welche die Position berechnet. Die Sensoren befinden sich in jeder Ecke des Touchscreens.[36]

Frustrated Total Internal Reflection: Die Frustrated Total Internal Reflection (FTIR) Technologie ist das Phänomen der totalen Reflektion. An der Seite einer Acrylglasscheibe (engl. Acrylic Pane) sind Infrarot-LEDs angebracht. Die optischen Eigenschaften des Acrylglases sorgen dafür, dass das Licht an den Wänden reflektiert wird und es sich so in der Scheibe ausbreitet. Durch den Druck auf der Scheibe ändern sich die optischen Eigenschaften an der Stelle und das Licht wird dort aus der Scheibe heraus reflektiert. Die unter der Scheibe installierten Infrarot-Kameras fangen das Licht auf und leiten die Informationen an einen Computer weiter, der die Daten auswertet, die Fingerposition errechnet und die damit verbundene Aktion verarbeitet.[37]

Angulation: Bei der Angulation (vom engl. angular = winklig) sind meist vier Kameras in jeder Ecke der Tischplatten parallel zur Projektionsebene installiert. Wird die Tischplatte berührt, so ermitteln die Kameras die Entfernung des Objektes (meist Finger) und geben diese

---

[35] Vgl. Keck (2007)
[36] Vgl. DST (2008)
[37] Vgl. Trümper (2007)

Daten an den Computer weiter. Der Computer ermittelt aus den unterschiedlich gemessenen Entfernungen und Wickeln der einzelnen Kameras die genaue Position und verarbeitet diese. Derzeitig können nur maximal vier Finger gleichzeitig verfolgt werden.

Surface Acoustic Wave: Die Oberflächenwellen Technologie (engl. Surface Acoustic Wave, SAW) arbeitet mit Ultraschallwellen, welche von je einem Controller horizontal und vertikal in eine Glasplatte eingespeist werden. Die Schallwellen treffen auf der anderen Seite dann auf einen Reflektorstreifen, welcher diese zu einem Sensor weiterleitet. Wenn ein Finger die Glasplatte berührt, absorbiert diese einen Teil der Ultraschallwellen an dieser Stelle. Die x und y Koordinate wird berechnet, in dem die Zeit seit der Absorbtion ermittelt wird. Über die Stärke der Absorbtion wird die Stärke des Druckes erkannt.[38]

DiamondTouch: Die Technologie DiamondTouch baut in einen Tisch mehrere Antennen ein. Bei der Berührung mit einer der Antennen wird ein elektrischer Stromkreis durch kapazitive Kopplung geschlossen, da jeder Benutzer über seinen Sitzplatz an einen Niedervolt Stromkreis angeschlossen ist. Die Antenne dient als Sender (engl. transmitter) und der Stuhl als Empfänger (engl. receiver). Die Signale der einzelnen Antennen haben eine unterschiedliche Frequenz. Auf diese Weise wird unterschieden, wer welche Antennen berührt. Es kann nicht ermittelt werden, wo eine Antenne berührt wurde, sondern nur das sie berührt wurde. So kann man für jeden Empfänger die Antennen ermitteln, die er gerade berührt und diese weiterverarbeiten. Das Bild wird dabei auf den Tisch geworfen.[39]

---

[38] Vgl. Visam (2008); Keck (2007)
[39] Vgl. Dietz (2003)

Projected Capacitive Technology: Bei der Projected Capacitive Technology (PCT) ist ein Gitter von elektrischen Leitern zwischen zwei Substraten implementiert. Das Gitter setzt sich aus Sendern und Empfängern zusammen, die 90° zu einander versetzt sind. Bei Berührung der Oberfläche mit einem Finger, ändert sich das elektrische Feld zwischen Sender und Empfänger durch die kapazitive Kopplung mit dem Körper (Erdung). Die Position wird durch einen Computer ermittelt und von der Anwendungssoftware verarbeitet. Je feiner das Gitter im Display ist, desto genauer kann die Position der Berührung ermittelt werden. Bei dieser Technik kann die Oberfläche auch flexibel sein.[40]

---

[40] Vgl. PCT (2008); Elo (2008)

3 Vorteile und Nachteile der wichtigsten darstellenden Technologien im Vergleich

Einige der genannten Technologien werden bereits im Büro, zu Hause oder unterwegs eingesetzt. Im Alltag gibt es mehrere Displaytechnologien, die den ähnlichen Nutzen darstellen. Diese Technologien werden verglichen und einige Unterschiede herausgefiltert.

Es kommen z.b. Fragen auf wie: Welcher Monitor ist für den täglichen Gebrauch von Vorteil, TFT oder CRT? Steigern LCD-Fernseher das Fernseherlebnis gegenüber Röhrenfernsehern? Welche Displaytechnologie gibt ein besseres Bild bei Handys wieder?

Die Vergleiche der einzelnen Displaytechnologien werden in den Bereichen Home Entertainment, Office, mobile Endgeräte und Multitouch eingeteilt.

3.1 Displaytechnologien im Home Entertainment

Im Home Entertainment wird die CRT- mit der neuen LCD-Technologie sowie die LCD- mit der PDP-Technologie (Plasma Display Panel) verglichen. Des Weiteren wird ein Vergleich der aktuellen Projektoren, LCD und DLP, mit der LCoS-Technologie aufgestellt. Flachbildschirme sind derzeit ein aufstrebendes Marktsegment. Insbesondere flachen HD-Bildschirmen (High Definition) wird eine große Zukunft vorausgesagt. Doch die CRT-Fernseher (Röhrenfernseher) sind nicht von Nachteil, denn High Definition TV ist nur bei den neuen Fernsehern ein Standard, aber nicht bei den Sendeanstalten. Die neuen HD-LCD- und Plasmabildschirme können nur bei digitalen Quellen auftrumpfen. In Deutschland gibt es zwei Sendetechniken, Analog und Digital. Alle öffentlich-rechtlichen und privaten Fernsehanstalten senden in SD (Standard Definition) bzw. PAL (Phase Alternating Line).[41] PAL wird im analogen und SD im digitalen Verfahren gesendet. Die Röhrenfernseher sind für die PAL und SD-Technik optimiert und geben ein gutes Bild wieder. Der digitale Empfang wirkt sich durch eine noch höhere Farbsättigung und Schärfe auf den Röhrenfernseher aus. Bei den Flachbildschirmen stellt der analoge Empfang jedoch ein Problem dar. Es entstehen Artefakte und das Bild wird von einem Rauschen begleitet. Das Ergebnis ist ein unscharfes und in Klötzchen aufgebautes Bild. Grundvoraussetzung für hervorragende Bilder bei

---

[41] Vgl. Frielingsdorf (2006) S. 738

Flachbildfernsehern ist also ein digitales und einwandfreies Empfangssignal.

3.1.1 Vergleich zwischen CRT- und LCD-Bildschirmen

	CRT-Fernseher	LCD-Fernseher
Platzbedarf	hohe Bautiefe	geringe Bautiefe
Gewicht	bei einer Bilddiagonale von 76 cm ungefähr 51 kg[42]	bei einer Bilddiagonale von 80 cm ungefähr 17,5 kg[43]
Bildqualität	ausgereifte und sehr gute Bildqualität	bei entsprechenden Quellen wesentlich bessere Bildqualität
Bildschirmdiagonale	die Röhrenfernseher können eine maximale Bilddiagonale von 92 cm darstellen[44]	der Hersteller Sharp stellte bereits den größten LCD-TV mit einer Bilddiagonale von 273 cm vor[45]
Bilderflimmern	aufgrund des Zeilenaufbaus bei der CRT-Technik kann es zu Flimmern kommen[46]	LCDs sind flimmerfrei[47]
Blickwinkel	CRT-Fernseher liefern bei verschiedenen Blickwinkeln immer das gleiche Bild	aufgrund verschiedener Kontrastwerte kann es bei LCD-Fernsehern zu Qualitätsverlusten kommen teilweise höher als bei CRT[48]
Stromverbauch	hoher Stromverbrauch	
Einbrennverhalten	bei langem Standbild möglich	nicht möglich

Tabelle 1 – Vergleich CRT-Fernseher mit LCD-Fernseher

LCD-Fernseher sind eine Investition für die Zukunft. Der Röhrenfernsehr ist für die aktuelle Bildeinspeisungen der Sendeanstalten ausreichend, jedoch für die Wiedergabe von High Definition TV im Wohnzimmer nicht einsetzbar.

3.1.2 Vergleich zwischen LCD- und Plasma-Bildschirmen

Zur Zeit konkurrieren auf dem Bildschirmmarkt Plasma-TV und LCD-TV miteinander. Laut den Herstellern ist die eine Technologie besser und zukunftssicherer als die andere. So setzen einige Hersteller ausschließlich auf eine der beiden Technologien, während andere Hersteller beide Technologien nutzen und parallel produzieren.

---

[42] Vgl. Philips (2008)
[43] Vgl. Panasonic (2008)
[44] Vgl. Born (2004) S. 40
[45] Vgl. Sharp (2007)
[46] Vgl. Klaus / Käser (1998) S. 274
[47] Vgl. Hoffmann (2004) S. 189
[48] Vgl. Bockhorst (2007) S. 1

Beide Technologien bauen die Farbinformationen über Pixel auf. Während beim Plasma-TV ein elektrischer Impuls je Pixel genügt, braucht das LCD-Panel gleich mehrere Impulse. Einen für die Helligkeit und weiterhin bis zu drei zur Aktivierung der Sub-Pixel in der Farb-Filterschicht. Das führt zu längeren Reaktionszeiten der Pixel im Vergleich zur Plasmatechnik und erzeugt ggf. bei schnellen Bewegungen sogenannte Nachzieheffekte. Große LCD-Bildschirme sind wesentlich teurer als PDP (Plasma Display Panel). Bei Bildschirmgrößen bis ca. 37 Zoll ist die Plasma-Technologie oft teurer.

Durch die zielgerichtete Lichtstrahlung zum Betrachter hin, tritt bei LCD-Bildschirmen ein wesentlich geringerer Stromverbrauch als beim Plasma-TV ein. Die Technik stellt aber auch einen Nachteil dar, denn je größer der Blickwinkel des Betrachters ist, umso mehr nimmt die Farbqualität ab. Aktuelle Techniken können diesen Darstellungsfehler sehr gut unterdrücken.[49]

Wegen des höheren Stromverbrauchs ist besonders bei sehr großen PDP-Bildschirmen ein Einsatz in durchschnittlichen Familienhaushalten fragwürdig. Ein weiterer Nachteil von Plasma-TV ist die Einbrenngefahr des Displays (z.B. bei Senderlogos). Allerdings werden hier Technologien eingesetzt, die Standbilder nach einer gewissen Zeit um etwa ein oder zwei Pixel verschieben. Somit wird das einbrennen vermieden.

Nachstehende Tabelle (siehe Tabelle 2) stellt die hauptsächlichen Unterschiede zwischen Plasma-TV und LCD-TV in übersichtlicher Form dar:

---

[49] Vgl. Hoffmann (2004) S. 188

	Plasma-Bildschirme	LCD-Bildschirme
Stromverbrauch[50]	hoch (ca. 300 Watt)	günstig (ca. 200 Watt)
Wärmeentwicklung	hoch, oft Lüfter erforderlich	niedrig, kein Lüfter erforderlich
Anzahl darstellbarer Farben	viele, sehr hoch	relativ viele, hoch
Natürlichkeit der Farben	sehr natürlich aus allen Blickwinkeln	Überstrahleffekte möglich (besonders bei Farbübergängen rot/weiß, schwarz/weiß)
Nachzieheffekte	kaum Nachzieheffekte	Nachzieheffekte möglich
Einbrennverhalten	systembedingt möglich	nicht möglich
Schwarzwert	sehr gut	gut
typische Größe	bis ca. 65 Zoll (165 cm)	bis ca. 52 Zoll

Tabelle 2 – Vergleich LCD-Display mit Plasma-Display

3.1.3 Vergleich zwischen LCD, DLP und LCoS

LCoS steht für Liquid Crystal on Silicon, basiert auf der LCD Technologie und könnte in Zukunft die LCD und DLP Technologie ergänzen oder ablösen. Nachstehende Tabelle stellt die Unterschiede der Technologien dar. [51]

	LCoS	LCD	DLP
Bauweise	sehr kompakt	kompakt	kompakt
Fotoprojektion	Gitterstrukturen nicht vorhanden	störende Gitterstrukturen können auftreten	Regenbogeneffekt (tritt bei Hell-Dunkel-Kontrasten auf[52]) und Bildrauschen möglich
Videoprojektion	Gitterstrukturen nicht vorhanden , keine Nachzieheffekte	störende Gitterstrukturen können auftreten	unerwünschte Farbsäume können auftreten
Datenprojektion	Darstellung kleiner Schriftarten sauber, keine Bildung von Artefakten	Darstellung kleiner und feiner Schriften unsauber	Regenbogeneffekt (tritt bei Hell-Dunkel-Kontrasten auf52[52]) und Bildrauschen möglich

Tabelle 3 – Vergleich der Projektionstechnologien

Die Produktion ist noch zu teuer und die LCoS reagieren auf äußere Einflüsse sehr empfindlich. Temperaturschwankungen, mechanische Einflüsse und Alterungsprozesse schaden der Technik.[53]

---

[50] Vgl. Schnick (2005)
[51] Vgl. Canon (2004)
[52] Vgl. Serck (2004)
[53] Vgl. Computerworld (2007) S. 207

Eine Alternative für die aktuellen Projektor-Technologien stellen sie bereits zum jetzigen Zeitpunkt dar.

3.2 Displaytechnologien im Office-Bereich

Im Office-Bereich wird ein Vergleich zwischen den Technologien CRT (Cathode Ray Tube) und TFT (Thin-Film Transistor) gezogen.

Der Bestand an CRT-Monitoren auf dem Markt ist in den vergangenen vier Jahren erheblich zurückgegangen. Elektronenröhren, die in der CRT-Technik verbaut werden, zeichnen sich vor allem durch Umwelt-, Strahlenbelastung und hohes Gewicht aus. Der platzsparende TFT-Monitor hat den CRT abgelöst und gliedert sich im ähnlichen Preisniveau ein.[54]

Doch es gibt auch weitere Merkmale, die für einen TFT-Monitor bzw. CRT-Monitor sprechen. Die Entwicklungs- und Herstellungsverfahren sind bei TFT-Monitoren so fortgeschritten, dass es zwischen den beiden Technologien preislich kaum noch Unterschiede gibt. Im Vergleich wird unter anderem auf folgende Punkte eingegangen:

Erläuterungen zu der Tabelle:
Strahlungseigenschaft: CRT bestehen unter anderem aus einer Elektronenstrahlröhre, die elektronische Emissionen freisetzt.

Konvergenz: Wenn die drei Elektronenstrahlen Rot, Grün, Blau sich genau auf der Schattenmaske überkreuzen, wird von einer Konvergenz gesprochen.[55]

Eine tabellarische Gliederung (siehe Tabelle 4) zeigt die wichtigsten und immer noch aktuellen Unterschiede auf:

---

[54] Vgl. Sieweke (2005) S. 115
[55] Vgl. Mahler (2005) S. 553

	CRT auf Basis 19 Zoll	TFT auf Basis 17 Zoll
Auflösung[56]	stellt mehrere Auflösungen mit gleichbleibender Qualität dar	geringere Auflösungen müssen interpoliert werden, die Bildschärfe nimmt ab
Bilddiagonale[56]	die TFT-Displays nutzen die genannte Bilddiagonale tatsächlich	CRT-Monitore beinhalten einen nicht nutzbaren Teil des Schirms. Ein 19" CRT-Monitor entspricht deshalb einem 17" TFT-Monitor.
Bildschärfe	hoch	höher als CRT
Blickwinkel	Bild bei verschiedenen Blickwinkel gleichbleibend	je schräger der Blickwinkel umso schlechter wird das Bild
Energiebedarf	75 Watt	35 Watt
Gewicht	ca. 20 kg	ca. 5 kg
Konvergenz	umso größer die Bilddiagonale desto höher die Konvergenzfehler	keine Konvergenzfehler möglich
Platzbedarf	aufgrund der Kathodenstrahlröhre hohe Bautiefe	flache Bauform garantiert geringer Platzbedarf
Strahlungseigenschaft	durch elektromagnetische Strahlung werden elektromagnetische Emissionen freigesetzt	es entstehen keine elektromagnetische Emissionen[57]

Tabelle 4 – Vergleich CRT 19" mit TFT 17"

Die neuesten Entwicklungen bei den Bildwiedergabemedien haben TFT-Monitore hervorgebracht und etabliert. Sie eignen sich sowohl für die Bildbetrachtung, als auch für Diagnostikarbeiten, z.B. in der Medizin oder Grafikanwendungen. Die Schaltzeiten der einzelnen Pixel sind weit unter 12 ms und somit auch für schnelle Bildbewegungen, wie Spiele und Filme, geeignet.

3.3 Mobile Endgeräte

Die Displaytechnologien der flachen Handys werden von zwei Techniken dominiert, TFT-LCD und OLED (Organische Licht emittierende Dioden). Aufgrund der technologischen Vorteile könnten OLEDs schon bald die TFT-LCDs von den Handybildschirmen verdrängen. OLEDs weisen eine höhere Helligkeit auf, sind dünner und haben kürzere Reaktionszeiten.[58] OLED-Displays geben bei einem Blickwinkel von 180 Grad das Bild ohne Verlust der Bildqualität wieder. Bei LCD nimmt die Bildqualität stetig ab. Aufgrund der

---

[56] Vgl. Kuhlmann (2002)
[57] Vgl. CTX (2005)
[58] Vgl. Kuhlmann (2007) S. 82 ff.

selbstleuchtenden Polymere benötigen OLED keine Hintergrundbeleuchtung und sind dementsprechend energiesparend.[59] Typische Einsatzgebiete für OLED sind Handys (iPhone) und MP3 Player. Trotz aller Vorteile haben die OLEDs auch einen entscheidenen Nachteil. Kommen Sie mit Sauerstoff in Berührung, so verblassen mit der Zeit die Farben und die OLEDs gehen kaputt. Aus diesem Grund müssen sie luftdicht versiegelt werden, was auf zwei unterschiedliche Möglichkeiten passieren kann. Zum Einen können sie mit einer hauchdünnen Schicht Glas überzogen werden, sind dann allerdings starr und können nicht gebogen werden. Zum Anderen können sie mit einem Polymer (weiches Plastik) überzogen werden und können somit bis zu einem bestimmten Grad gebogen werden.[60]

3.4 Multitouch

Multitouch ist das Bindeglied zwischen Mensch und Maschine, ganz ohne Tasten und Schalter. Multitouch Displays erlauben es, über berührungsempfindliche Oberflächen mehrere Druckpunkte gleichzeitig zu aktivieren. Sie sind die Weiterentwicklung von herkömmlichen Touchscreens (z.B. in Navigationssystem und Handhalds), die nur einen Druckpunkt zu einem Zeitpunkt erkennen.

Mit Hilfe der optischen Sensorik werden Bewegungen mit mehreren Kameras an einer Fläche aufgenommen und mit Bilderkennungsprogrammen ausgewertet. Somit werden Berührungspunkte ausgerechnet.[61] Bekannte Technologien sind Angulation und Frustrated Total Internal Reflection (FTIR). Diese Art der Bewegungsaufnahme erfordert durch die Kameratechnologie eine starre und tiefe Bauweise. Dieses Multi-Touch-System ist nicht für den mobilen Einsatz geeignet. Die Technologien reagieren sehr empfindlich auf Reflektionen. Staub- und Fettrückstände können auf der Arbeitsfläche bereits irritierend wirken. Das System kann nicht zwischen verschiedenen Benutzern unterscheiden.

Die kapazitive Sensorik ist in Hinsicht auf Benutzerunterscheidung weiter entwickelt. Sie kann mehrere Benutzer in einer Gruppe unterscheiden und ist zudem sehr präzise. Eine Technologie der kapazitiven Sensorik ist DiamondTouch. Wie in Punkt 3.8.2.6 beschrieben,

---

[59] Vgl. Computerworld (2007) S. 263
[60] Vgl. Liebl (2007)
[61] Vgl. Trümper (2007) S. 1 f.

arbeitet DiamondTouch mit einem Antennensystem. Dadurch ist eine Unterscheidung von Benutzern möglich und mehrere User können gleichzeitig auf dem Multi-User-Interface arbeiten.[62] Aufgrund der Unterscheidung werden Störfälle, wie metallische Gegenstände vom System ignoriert. So könnte beispielsweise eine Uhr mitten auf den Multitouch-Table gelegt werden, ohne dass Berührungspunkte registriert und umgesetzt werden.

---

[62] Vgl. Rautherberg (2003.) S. 81

4 Anwendungsfelder und Einsatzgebiete heute, morgen und übermorgen

Ob im privaten Haushalt, in Schule und Beruf, in der Freizeit oder gar beim Militär, überall haben die Entwicklungen der letzten Jahre Einzug gehalten. In diesem Kapitel wird daher auf die heutigen und morgigen Einsatzgebiete näher eingegangen. Anschließend erfolgt ein kurzer Einblick in die Technik von Übermorgen.

4.1 Multitouch-Tables und -Displays

Prozesse in Fertigung, Verwaltung und organisatorischen Bereichen läuft oft an Stellen ab, die sehr unübersichtlich sind. Mit Hilfe eines Multitouch-Table sollen verborgene Prozesse aufgedeckt und somit übersichtlicher angeordnet werden können. Der Tisch reagiert auf Fingerdrücke und Wischbewegungen. Mit den Fingerberührungen kann der Anwender Objekte auswählen und mit Wischbewegungen verschieben, drehen oder anderweitig manipulieren. Wird das Objekt beispielsweise mit den zwei Zeigefingern auseinander- oder zusammengezogen, so kann das Objekt gezoomt werden.

Abbildung 10 – Multitouch-Tables im Einsatz[63]

Anwendung findet diese Technik bei dem Kunststoffhersteller IGD, der seine Fertigungsabläufe auf Multitouch-Tables darstellt. Durch Fingerberührungen auf einzelne Rohre werden diese ausgewählt und durch Wischbewegungen auf den Rohren kann die Durchflussgeschwindigkeit reguliert werden.[64]

Zu diesem Zeitpunkt kann noch nicht geklärt werden, welche Technik sich durchsetzen wird. Jede dieser angesprochenen Techniken hat seine Vor- und Nachteile. Eine Kombination

---

[63] Vgl. Han (2006)
[64] Vgl. Zöllner (2007)

verschiedene Lösungsansätze ist eher sehr wahrscheinlich.[65]

Abbildung 11 – Interactive Table[66]

Einige Hersteller haben bereits die Vorteile von Multitouch-Tables und Displays erkannt und stellen schon Produkte mit dieser Technik her. So produziert der Hersteller Interactive Table Multitouch-Tables die hauptsächlich repräsentativen Zwecken dienen sollen. Nach Aussage des Herstellers sollen diese in Showrooms, Flagshipstores, Brand Academies oder in Service Centern eingesetzt werden. Der Tisch kann von mehreren Benutzern gleichzeitig bedient werden. Es ist auch möglich interaktive und andere digitale Inhalte von Multitouch-Tables per Bluetooth an Handys zu übertragen. Aber auch für Gespräche mit komplexen Inhalten soll der Tisch dienen und ist somit auch für eine Livekommunikation geeignet. Auf dem Tisch können eine Vielzahl von Inhalten wie Bilder, Texte, Videos und sonstige multimediale Inhalte verarbeitet werden. Die Inhalte können durch Fingerberührungen ausgewählt und durch

---

[65] Vgl. Trümper (2007)
[66] Interactive Table (2007)

Bewegungen verarbeitet werden. Reale Objekte können dabei zur Steuerung hinzugezogen werden.[67]

Auch Apple-Computer hat den Multitouch-Trend erkannt und bereits das erste Handy mit Multitouch-Display auf den Markt gebracht. Apple sieht auch schon weitere Möglichkeiten für Multitouch im Bereich der Textverarbeitung. Es sollen Funktionen folgen, die dazu dienen Texte zu markieren und zu löschen. Apple will sich diese Funktionen in den nächsten Monaten patentieren lassen.[68]

Weitere Patente hat Apple im Bereich der Multitouch-Displays für Laptop- und Desktop-Computer eingereicht. Dies ist Möglicherweise bereits ein Zeichen, in welche Richtung sich die Multitouch-Technik in den nächsten Jahren weiterentwickeln wird. Voraussichtlich Anfang 2008 könnte das erste iBook mit Multitouch durch Apple auf den Markt gebracht werden. Die Funktionalität dieser Displays dürfte denen des iPhones und des iPods entsprechen. Einige Patente sind auf den Funktionalitätsbereich ausgerichtet. Eine Verbesserung der Präzision, mehr Flexibilität in der dynamischen Programmierung der Touch-Sensoren und die Immunität gegen unbeabsichtigtes Berühren, sollen durch einige Einstellungen/Konfigurationen ermöglicht werden. Auch eine Funktion zur Eingabe mit allen zehn Fingern ist vorgesehen. Ein mögliches Einsatzfeld könnte auch ein Mac-Tablet-PC sein.[69]

Sogar die ersten Multitouch-Wände sind auf dem Markt präsentiert worden. Diese sind allerdings, angesichts des Preise von 100.000,- Euro, noch nicht für den Massenmarkt geeignet. Markus Nieman vertreibt eine Wand mit einer Größe von 8x3 Fuß.[70]

Eine weitere Möglichkeit für Multitouch wurde durch den IT-Forscher Johnny Chung Lee entwickelt. Er hat für seine Technik eine Wii-Remote umgebaut, die als Sender dient. Die Kommunikation läuft über die Bluetooth-Schnittstelle der Wii-Remote, die mit vielen Bluetooth-Schnittstellen von PCs kompatibel ist. Erste Funktionen beschränken sich allerdings noch auf das Zeichnen in Paint und anderen Bildbearbeitungsprogrammen. Die Software, die die Kommunikation herstellt, ist in .NET geschrieben und setzt das .NET

[67] Vgl. Interactive Table (2007)
[68] Vgl. Golem (2007)
[69] Vgl. MacLife (2007)
[70] Vgl. iPony (2007)

Framework 2 voraus. Sie als Open Source erhältlich. Die Hardwarekosten liegen bei ca. 50,-
Euro. Der Aufbau soll nach Angaben des Entwicklers Chung Lee sehr einfach sein. Die
Technik befindet sich noch im Versuchsstadium und wird voraussichtlich erst in den nächsten
Jahren zur Verfügung stehen.[71]

4.2   OLED-Handys und -Displays

Im Bereich der OLED-Displays und –Handys sind bereits die ersten Modelle auf dem Markt
zu finden. Hauptsächlich handelt es sich dabei um Handys, MP3-Player, kleinere
Haushaltsgeräte, Autoradios oder Statusanzeigen in Autos. Auf einer Messe stellte Sony
bereits ein 27-Zoll Gerät vor, das allerdings nur zur Messezwecken diente. Sony möchten im
nächsten Jahr zunächst ein 11-Zoll Display auf den Markt bringen.

Abbildung 12 – OLED[72]

Einen weiteren Verwendungszweck von OLEDs stellt das EU-Projekt OLLA vor. OLLA
steht für organische Lichtimitierende Dioden für Beleuchtung. Das Projekt läuft noch bis
2008 und bis jetzt wurden alle Meilensteine eingehalten. Bei OLLA handelt es sich um ein
Projekt, dass OLEDs als Lichtquelle für Gebäude und Wohnungen erforscht und nutzbar
machen will. Das Ziel sind großflächige, leuchtende Tapeten aus OLEDs mit einer
Lebensdauer von mehr als 100.000 Stunden und einer Effizienz von 50 Lumen pro WATT.

---

[71] Vgl. c't (2008) S. 51
[72] OLED (2005)

Dies kommt einer Leuchtstoffröhre mit 65 Lumen sehr nahe. Derzeitig wurden bereits 35 Lumen pro WATT erreicht.

Das größte Problem vor dem die Forscher stehen, ist die noch sehr kurze Lebensdauer der OLEDs. Rote und grüne OLEDs haben bereits eine Lebensdauer von mehr als 100.000 Stunden, die blauen und weißen OLEDs kommen erst auf eine Lebensdauer von 10.000 Stunden. Erfahrungsgemäß verzehnfachen die Forscher die Lebensdauer der OLEDs alle vier Jahre. Noch ist allerdings unklar wann die OLEDs, auf Grund ihrer Lebensdauer, ihren Siegeszug antreten werden.[73]

OLED-Displays werden auf Glas- oder Polymerplatten gedruckt und sind somit preiswert herzustellen. Allerdings tritt bei den heutigen Herstellungsmethoden ein sehr hoher Ausschuss auf. Dieser beträgt selbst bei den 2,2-Zoll Displays 60%.[74]

Auch die Army sieht in der OLED-Technik sehr große Chancen bei Soldaten und Kommandozentralen. So plant die Army folgenden Einsatz der OLED-Displays:

- OLED-Displays in der Kleidung von Soldaten als Navigations- und Informationsquelle

- Taktische OLED-Displaywände für die mobile Kommandozentrale

- Navigationssysteme als OLED-Displays in Helmen

- OLED-Displays als Landkarten[75]

Derzeitig wird auch bereits nach transparenten Transistoren für die OLED-Displays geforscht, die in Windschutzscheiben von Autos, Flugzeugen oder Brillen eingesetzt werden könnten.[76]

4.3 Die digitale Litfasssäule

Die Idee der digitalen Litfasssäule ist daraus entstanden, dass Kunden neue Objekte am liebsten anfassen und umgehen möchten. Bislang war dies nur über mehrere Leinwände oder

---

[73] Vgl. Liebl (2007)
[74] Vgl. Vogel (2007)
[75] Vgl. Forsythe (2007)
[76] Vgl. Venere (2007)

Monitore möglich und brachten oft auch nicht die befriedigenden Ergebnisse. Die digitale Litfasssäule schafft hier Abhilfe und schließt diese Informationslücke.

Das dargestellte Objekt kann aus allen möglichen Blickwinkeln angesehen und umgangen werden. Aber nicht nur statische Objekte können mit der digitalen Litfasssäule dargestellt werden, sondern auch Videos, Panoramen oder 3D-Objekte können realitätsgetreu angezeigt werden.

Der erste Prototyp der digitalen Litfasssäule hat die Form eines Zylinders. In seinem Inneren sind 8 Projektoren installiert, die auf eine spezielle Leinwand projizieren. Das Licht wird dabei gefiltert und über 3 schmalbandige Farbkanäle (rot, grün, blau) gefiltert, um sattere Farben zu erhalten und dabei über Spiegel auf die Leinwand gelenkt. Um Verzerrungen zu vermeiden, werden durch eine Software die Spiegel in Echtzeit korrigiert. Auf diese Weise können die Bilder der einzelnen Projektoren nahtlos aneinander gereiht werden. Die Litfasssäule hat eine Auflösung von 2.000 x 500 Pixel. Über magnetische Tracker wird die Blickrichtung des Besuchers ermittelt und für ihn optimal eingestellt. Auch Zoom-Funktionen in das Objekt sind bereits integriert. Der optische Eindruck der Objekte kann noch zusätzlich über den Sound ergänzt und abgestimmt werden. Die Litfasssäule ist somit vielseitig einsetzbar und kann ihre Stärken auf Produktpräsentationen oder neuen Kunstobjekten/Entwicklungen ausspielen. Sogar Bilder und Videos in HDTV sollen möglich sein.[77]

Die deutsche Firma Kinoton hat ebenfalls ein Konzept und einen Prototypen für eine digitale Litfasssäule herausgebracht. Aber anders als bei der Methode des Fraunhofer Instituts, findet keine Projektion durch Projektoren statt. In der Röhre befindet sich eine Zentrifuge, an dessen Ende 4 Leisten mit je 3 LED-Leisten (rot, grün, blau) angebracht worden sind. Die Zentrifuge wird beschleunigt und die LED-Leisten werden in bestimmten Zeitabständen eingeschaltet. Die Zentrifuge dreht sich so schnell, dass sie vom menschlichen Auge nicht wahrgenommen und nur noch das durch die LEDs dargestellte Bild gesehen wird. Die Litfasssäule kann auf diese Weise 16 Mio. Farben darstellen. Allerdings wird das Bild immer noch verzerrt dargestellt. Ein Vorteil ist der niedrige Energieverbrauch der LEDs, welcher aber durch den

---

[77] Vgl. Haulsen (2007); Vgl. Bauer (2005)

hohen Energieverbrauch der Zentrifuge nicht zur Geltung kommt.[78]

Abbildung 13 – digitale Litfasssäule[79]

4.4 Digitale Bilderrahmen

Digitale Bilderrahmen, auch Digi- oder Photoframe genannt, werden seit einiger von vielen Herstellern auf dem Markt angeboten. Sie variieren in:

- Größe (5-11 Zoll)

- Speicher (bis zu 1GB interner Speicher)

- Auflösung

- Funktionsumfang (unterstütze Videoformate, Dateiformate, Musik, WLAN, usw.)

- Unterstützte Speicherkarten

- Darstellbare Formate 4:3 oder 16:9

Der Vorteil digitaler Bilderahmen liegt in der flexiblen Einsetzung, sowie in dem schnellen

---

[78] Vgl. Langer (2007)
[79] Bauer (2005)

Austausch von Bildern. Die Bilderrahmen sind in den unterschiedlichsten Designs vorhanden.[80]

4.5 LED- und Laser-Beamer

Die ersten LED-Beamer sind seit einiger Zeit auf dem Markt zu finden. LED-Beamer haben eine LED-Lichtquelle, bei der das Licht über einen Kollimator, für eine gleichmäßige Lichtausbeute, gebündelt wird. Die Vorteile von LED-Beamer sind:

- Sie sind viel kleiner als die derzeitig auf dem Markt befindlichen Beamer.

- Durch LEDs als Lichtquelle sind sie sehr energiesparsam.

- Sie haben eine sehr hohe Lebensdauer (theoretisch unbegrenzt).

- Durch die Nutzung von LEDs gibt es fast keine Wärmeentwicklung, somit müssen keine großen Kühler verbaut werden.

Abbildung 14 – Größenvergleich LED-Beamer mit Handy[81]

---

[80] Vgl. Schauer (2007)
[81] Zeiss (2007)

Der LED-Beamer wurde am Fraunhofer Institut entwickelt und die ersten Geräte dieser Beamergeneration werden bereits von Samsung auf dem Markt vertrieben.[82]

Noch eine Stufe kleiner geht es mit Laser-Beamern. Diese benötigen keine Stative und Linsen mehr und sorgen trotzdem für ein scharfes Bild. Aufgrund von Einsparungen wie Linsen und Spiegeln, ist nur ein sehr kleines Gehäuse nötig. Laser-Beamer haben allerdings noch einen entscheidenden Nachteil. Rote und blaue Laser werden schon seit einiger Zeit genutzt. Die roten Laser finden schon seit vielen Jahren Einsatz in CD-Playern und die blauen Laser in den Blue-Ray Discs-Laufwerken. Die Lebensdauer dieser beiden Laser ist daher bereits sehr hoch. Der grüne Laser macht den Forschern allerdings noch Probleme, da für einen grünen Laser noch keine passenden Halbleiter gefunden worden sind. Andere Möglichkeiten für die Erzeugung eines grünen Lasers sind zur Zeit noch sehr energieintensiv und liefern ein unbefriedigendes Ergebnis.[83] Das Unternehmen Explay arbeitet allerdings schon an einem Laser-LED-Hybrid-Beamer.[84]

4.6 Displaytechnologie von Übermorgen

Eine genaue Einschätzung der zukünftigen Anwendungen der nächsten 6 – 10 Jahre ist nur sehr schwer möglich. Es sind jedoch Trends aus den Anwendungen und Technologien von Heute und Morgen zu erkennen. So könnten Touchscreen-Displays in der Zukunft bei Notebooks, aber auch Desktop-Rechnern, einen immer höheren Stellenwert bekommen und die Maus möglicherweise ersetzen.[85]

Die Entwicklung von transparenten Transistoren bietet eine Vielzahl neuer Anwendungsgebiete. Hier könnten Nachtsichtgeräte für Autos in die Windschutzscheibe integriert werden und somit das Autofahren in der Nacht sicherer machen. Möglich wären auch Navigationssysteme, sowie Status- und Warnmeldungen in der Windschutzscheibe von Flugzeugen und Autos.[86]

---

[82] Vgl. Honsel (2007)
[83] Vgl. Honsel (2007)
[84] Vgl. Explay (2007)
[85] Vgl. MacLife (2007)
[86] Vgl. Venere (2007)

Auch das OLLA-Projekt der EU könnte eine viel versprechende Neuerung in den nächsten Jahren werden. Tapeten aus OLEDs sollen als Lichtquelle für Wohnungen und andere Räume bei geringem Energieverbrauch dienen. Bei den stetig steigenden Energiekosten wäre diese Technik eine echte Alternative.[87]

Eine weitere Entwicklung, die allerdings erst in mehr als 10 Jahren aufkommen wird, ist eine Unsichtbarkeitsröhre. Diese könnte z.b. für das Militär, aber auch für andere Einsatzgebiete und Projekte sehr interessant werden. Mit Hilfe der Unsichtbarkeitsröhre wird das Licht um das betreffende Objekt herumgeleitet und das Objekt ist somit nicht sichtbar. Diese Technik befindet sich allerdings noch im theoretischen/experimentellen Stadium.[88]

---

[87] Vgl. Liebl (2007)
[88] Vgl. Sherwood (2007)

5   Fazit

In den letzten 100 Jahren hat die Display-Technologie sehr große Schritte nach vorne gemacht und ist heute in Job, Schule und im Privatleben unverzichtbar geworden. Die neuesten Trends versprechen immer höhere Auflösungen und bessere Farbwiedergaben. Auch der Trend zu größeren Displays ist ungebrochen, was zu einem Preisverfall bei den derzeitigen Standardgrößen geführt hat. Letztendlich gewinnt der Kunde und bekommt für wenig Geld eine oftmals gute bis sehr gute Leistung.

Viel versprechend in den nächsten Jahren scheinen die OLED-Displays zu sein, die auf Grund ihrer Farbsättigung, ihrer guten Sicht bei großen Blickwinkeln und ihres Einsatzes bei Tageslicht, einen Vorteil gegenüber der derzeit auf dem Markt befindlichen Displays haben. Aber auch die Multitouch-Technologie, mit ihren vielseitigen Einsatzgebieten, könnte den Computereinsatz in der Industrie, aber auch im Privatleben revolutionieren. Ob die Steuerung von Industrie- oder Haushaltsgeräten oder nur die Vereinfachung von Darstellungsmethoden bei Abläufen, die Multitouch-Technologie ermöglicht ein gruppenorientiertes/teamorientiertes Arbeiten im Büro und der Schule. Ein großer technischer Fortschritt wird auch im Beamerbereich mit den Laser- und LED-Beamern erwartet. Auf Grund ihrer Größe können diese bequem in der Westentasche transportiert werden und könnten somit die idealen Begleiter bei Produktvorstellungen von reisenden Geschäftsleuten sein.

Viele Technologien werden derzeitig auf dem Markt parallel angeboten, wodurch viele möglicherweise gute und sinnvolle Anwendungen gar nicht erst auf den Markt kommen werden. So könnten sich Multitouch-Anwendungen, auf Grund von Apple-Patenten für Multitouch, nur sehr langsam weiterentwickeln. Im Bereich der OLED-Displays ist, wegen zu hoher Ausschussraten und zu kurzer Lebensdauer, erst in den nächsten Jahren mit einer Marktreife im Bereich Fernseh- oder Computer-Displays zu rechnen.

Wie die Display-Technologien sich in den nächsten Jahren weiterentwickeln werden, ist schwer zu sagen. Auf Grund der steigenden Energiepreise ist jedoch ein Trend zu energiesparenden Modellen abzusehen. Die Displays werden immer größer und schärfer von der Auflösung. Ersteres wird auf Grund sinkender Preise im Bereich Home Entertainment ermöglicht.

Literaturverzeichnis

3lcd (2005)	3LCD.com (Hrsg.), Projektorarten und Systeme, 3LCD, Ort unbekannt 2005, http://www.3lcd.us/de/ftr_ts_d.html#2-1, Zugriff 14.01.2008
3LCD (2008)	Epson (Hrsg.), Epson Projektor-Technologie, EPSON DEUTSCHLAND GmbH, Meerbusch, http://www.epson.ch/solution/technology/emp/index.htm, Zugriff am 01.01.2008
ACSYS (2008)	ACSYS Lasertechnik GmbH (Hrsg.), Laser – was ist das?, ACSYS Lasertechnik GmbH, Kornwestheim, http://www.acsys-de.com/lasertechnologie.htm, Zugriff am 14.01.2008
Bauer (2005)	Wilhelm Bauer, Digitale Litfasssäule zeigt dreidimensionale Bilder, pressetext Nachrichtenagentur GmbH, Wien, http://www.pressetext.de/pte.mc?pte=050207019, Zugriff am 26.12.2007
Bockhorst (2007)	Michael Bockhorst, Fernseher - welcher braucht wie viel Strom?, energie.de, Bonn 2007 http://www.energieinfo.de/energiesparen/energieinfo_energiesparen_tips_standby_EI-SP-2007-005.pdf, Zugriff am 04.01.2008
Born (2004)	Günter Born, Heimkino, So wird aus TV, DVD, Video & PC höchster Genuss!, Markt und Technik, München 2004
Canon (2004)	Colorshots, Background, Heft 2/2004: LCoS-Technologie – Weniger Raster, Canon Deutschland GmbH, Krefeld 2004 http://www.colorshots.com/archiv/cs_04_2/html/background_lcos.html, Zugriff am 14.01.2008
Chalmers (2007)	Chalmers University of Technology (Hrsg.), Liquid crystals in displays, Chalmers University of Technology, Göteborg, http://www.mc2.chalmers.se/pl/lc/engelska/applications/Displays.html#anchor133312, Zugriff am 16.12.2007
chemie.de (2007)	Chemie.DE (Hrsg.), www.chemie.de, Berlin, http://www.chemie.de/lexikon/d/Kathodolumineszenz, Zugriff am 09.12.2007
Computerworld (2007)	Computerworld (Hrsg.), Lexikon. Aktuelle Fachbegriffe aus Informatik und Telekommunikation, 9. Auflage, vdf Hochschulverlag AG an der ETH Zürich, Zürich 2007
c't (2008)	Christiane Rütten, Multipoint-Display mit der Wii-Remote in: c't 2008, Nr.1, heise-Zeitschriften Verlag GmbH & Co. KG, Hannover 2008
CTX (2005)	CTX Technology Corporation (Hrsg.), General FAQ, What is the advantage of having an MPR II monitor ..., CTX Technology Corporation, City of Industry CA, http://www.ctxeurope.com/support/faqs.asp, Zugriff am 02.01.2008
Dietz (2003)	Paul Dietz & Darren Leigh, DiamondTouch: A Multi-User Touch Technology , Mitsubishi Electric Research Laboratories, Cambridge MA 2003, http://www.merl.com/reports/docs/TR2003-125.pdf, Zugriff am 03.01.2008
D-ILA (2008)	JVC (Hrsg.), Structure of D-ILA, JVC, Yokohama, http://www.jvc-victor.co.jp/english/pro/dila/feature.html, Zugriff am 02.01.2008

Literaturverzeichnis

DLP (2008)	Texas Instruments (Hrsg.), Wie funktioniert DLP-Technology, Texas Instruments, Dallas TX, http://www.dlp.com/de/dlp_technology/dlp_technology_overview.as p#2 oder als Flashfilm http://www.dlp.com/de/includes/demo_flash.asp?lang=de, Zugriff am 01.01.2008
DST (2008)	3M (Hrsg.), Dispersive Signal Technology, !, 3M, Neues, http://solutions.3m.com/wps/portal/3M/de_DE/TouchScreens/Home/ ProdInfo/ScreenTech/DST/, Zugriff am 03.01.2008
Elo (2008)	Elo TouchSystems (Hrsg.), How Projected Capacitive Touch Technology Works, Elo TouchSystems, Menlo Park CA, http://www.elotouch.com/Technologies/ProjectedCapacitive/howitwo rks.asp, Zugriff am 05.01.2008
Explay (2007)	Explay (Hrsg.), Explay's technology is based on unique architecture incorporating multiple innovations, Explay Ltd., Herzliya, http://www.explay.co.il/index.php?option=com_content&task=view &id=24&Itemid=24, Zugriff am 14.01.2008
FED (2008)	Meko (Hrsg.), FED, Meko Ltd , Camberley, http://www.meko.co.uk/fed.shtml, Zugriff am 03.01.2008
Fischer (2008)	Anne L. Fischer, Quantum Dot LEDs Incorporate Thermally Polymerized Hole Transport Layer, Laurin Publishing Company Inc., Pittsfield MA, http://www.photonics.com/content/spectra/2006/April/nanophotonics /82162.aspx, Zugriff am 05.01.2008
Forsythe (2007)	Eric Forsythe u.a., Flexible Display Technologies, Lehigh University - Army Reserach Laboratory, Bethlehem PA, http://www.lehigh.edu/optics/Documents/2004OpenHouse/2004ARL Workshop/13-5-Forsythe-Flex-displays.pdf, Zugriff am 04.12.2007
Frielingsdorf (2006)	Franz Frielingsdorf, Josef Lintermann, Udo Schaefer & Walter Schulte-Göcking, Basiswissen IT-Berufe – Einfache IT-Systeme, 4. Auflage, Bildungsverlag EINS, Troisdorf 2006
Golem (2007)	Golem.de (Hrsg.), Apple will Multitouch 2.0 patentieren, Klaß & Ihlenfeld Verlag GmbH, Berlin, http://www.golem.de/0711/56146.html, Zugriff am 24.12.2007
Han (2006)	Jeff Han, Multi-Touch Interaction Research, Perceptive Pixel, New York University, New York NY 2006, http://cs.nyu.edu/~jhan/flirtouch/, Zugriff am 04.12.2007
Hansen/Neuman (2005)	Hans Robert Hansen & Gustav Neumann, Wirtschaftsinformatik 2 9.Auflage, Lucius & Lucius Verlagsgesellschaft, Stuttgart (2005)
Harris (2008)	Tom Harris, How Plasma Displays Work, HowStuffWorks.com, Atlanta GA, http://electronics.howstuffworks.com/plasma-display.htm, Zugriff am 02.01.2008
Haulsen (2007)	Ivo Haulsen, VR Objekt Display - Die digitale Litfasssäule, Fraunhofer Institut, Berlin, http://www.first.fraunhofer.de/VR-Object-Display, Zugriff am 06.12.2007
Hoffmann (2004)	Hans-Jürgen Hoffmann, Technische Optik in der Praxis, 3. Auflage, Litfin, G. (Hrsg.), Springer-Verlag GmbH, Berlin 2004
Honsel (2007)	Gregor Honsel, Beamer für die Westentasche, Technologie Review, Hannover, http://www.heise.de/tr/artikel/print/73646, Zugriff am 27.12.2007

Literaturverzeichnis

Interactive Table (2007)
o.V., Foresee und Werk 5 zeigen ein Preview des Interactive Table auf der IFA, Mangold Helmer GmbH, Berlin, http://www.interactive-table.de/3-1-b.html, Zugriff am 25.12.2007

iPony (2007)
o.V., Teuer: Jeff Hans Multitouch-Wand, iPony-Blogarchiv, http://ipony.de/?p=358, Zugriff am 26.12.2007

ITwissen_CRT (2007)
Klaus Lipinski (Hrsg.), CRT (cathode ray tube), DATACOM Buchverlag GmbH, Peterskirchen, http://www.itwissen.info/definition/lexikon/_crtcrt_crtcathode%20ray%20tubecrt_crtkathodenstrahlr%F6hre.html, Zugriff am 08.12.2007

ITwissen_PDP (2007)
Klaus Lipinski (Hrsg.), PDP (plasma display panel), DATACOM Buchverlag GmbH, Peterskirchen, http://www.itwissen.info/definition/lexikon/_pdppdp_pdpplasma%20display%20panelpdp_pdpplasma-display.html, Zugriff am 14.01.2008

Käser (2007)
Erich Käser, Röhrenmonitor, Erich Läser, Tiefenbach 2007, http://www.fachlexika.de/technik/mechatronik/monitor.html, Zugriff am 14.01.2008

Keck (2007)
Susanne Keck, Touchscreen Technologies, Ludwig-Maximilians-Universität München, München 2007, http://www.medien.ifi.lmu.de/lehre/ws0607/mmi1/essays/Susanne-Keck.xhtml#x5, Zugriff am 03.01.2008

Klaus / Käser (1998)
Rolf Klaus & Hans Käser, Grundlagen der Computertechnik, vdf Hochschulverlag AG an der ETH Zürich, Zürich 1998

Kneubühl (1995)
Fritz K. Kneubühl & Markus W. Sigrist, Laser 4. Auflage, B. G. Teuber, Stuttgart 1995

Koden (2007)
Mitsuhiro Koden, Wide Viewing Angle Technologies of TFT-LCDs, Sharp Corp. Osaka , http://www.sharp-world.com/corporate/info/rd/tj2/pdf/12.pdf, Zugriff am 16.12.2007

Kuhlmann (2002)
Ulrike Kuhlmann, Plan, flach, digital Flachdisplays und Röhrenmonitoren auf der Spur in: c't 2002, Nr. 23, Heise Zeitschriften Verlag GmbH & Co. KG, Hannover 2002

Kuhlmann (2007)
Ulrike Kuhlmann, Leuchtende Zukunft in: c't 2007, Nr. 16, Heise Zeitschriften Verlag GmbH & Co. KG, Hannover 2007

Langer (2007)
Clemens Langer, 360° Display - Digitale Litfasssäule, Future_Media_Rooms & IT_Trends, http://futuremediarooms.blogspot.com/2007/12/360-display-digitale-litfasule.html, Zugriff am 13.01.2007

Laser-TV (2006)
Erich Strasser (Hrsg.), LASER TV Technologie, Erich Strasser, Rabenstein, http://www.sed-fernseher.eu/laser-tv-technologie, Zugriff am 01.01.2008

LCD (2007)
Philipps-Universität Marburg (Hrsg.), Flüssigkristallanzeigen: Konstruktion und physikalische Eigenschaften von Liquid Crystal Displays (LCDs), Philipps-Universität, Marburg, http://www.chemie.uni-marburg.de/~pcprakt/skripten/lcd.pdf, Zugriff am 09.12.2007

LDT (2008)
Jenoptik (Hrsg.), Die Laser Display Technology, Jenoptik, Jena, http://www.jenoptik-laserdisplay.de/cps/rde/xchg/SID-26EE34DB-FCA9CBB9/ldt/hs.xsl/3889.htm, Zugriff am 01.01.2008

LED (2007)
Images SI Inc. (Hrsg.), Photovoltaic Cells – Generating electricity, Images SI Inc., Staten Island NY 2007, http://www.imagesco.com/articles/photovoltaic/photovoltaic-pg4.html, Zugriff am 14.01.1008

Literaturverzeichnis

Liebl (2007)	Bernd Liebl, Leuchtende Zukunft, Fraunhofer Institut, Dresden, Fraunhofermagazin 4/2007
Liquid Crystals (2007)	Merck (Hrsg.), Licristal® Liquid Crystals from Merck, Merck KGaA, Darmstadt, http://www.merck.de/servlet/PB/show/1430240/Licristal_Brosch%F Cre.pdf, Zugriff am 17.12.2007
MacLife (2007)	Manuel Kaiser, Apple patentiert u.a. Multitouch für Notebooks, Falkemedia, Kiel, http://www.maclife.de/index.php?module=Pagesetter&func=viewpub &tid=1&pid=5170, Zugriff am 25.12.2007
Mahler (2005)	Gerhard Mahler, Die Grundlagen der Fernsehtechnik. Systemtheorie und Technik der Bildübertragung, Springer Verlag, Berlin 2005
Mayerbuch (2000)	Ingmar Mayerbuch & Ulrich Poschinger & Gordon Krenz, Bau eines Superstrahlers, TU Berlin, Berlin 2000, http://pl.physik.tu-berlin.de/groups/pg262/Protokolle/superstrahler/s-strahler.html, Zugriff am 14.01.2008
MPG (2006)	Max-Plank-Gesellschaft (Hrsg.), Wunderlampe aus dem Quantenland, TECHMAX Ausgabe 6/2006, München 2006, http://www.mpg.de/bilderBerichteDokumente/multimedial/techmax/heft2006_06/pdf.pdf, Zugriff am 01.01.2008
Nanoco (2007)	Nanoco Technolgies Ltd. (Hrsg.), Quantum dots – background briefing, Nanoco Technolgies Ltd., Manchester http://www.nanocotechnologies.com/content/AboutUs/AboutQuantu mDots.aspx, Zugriff am 29.12.2007
OLED (2005)	Alfons Oebbeke, OLED, ARCHmatic, Neustadt 2005, http://www.baulinks.de/webplugin/2005/0707.php4?url1=http://www .baulinks.de/wpihilfe/drk.txt&url2=http://www.baulinks.de/wpihilfe/drf.txt, Zugriff am 18.01.2008
OLED (2008)	Institut für Physikalische Chemie (Hrsg.), Neue OLED-Technologien für Flachbildschirme und Beleuchtung, Universität Regensburg, Regensburg, http://www.baikem.de/portal/baikem_profile_detail,33391,752,71897 .detail.html, Zugriff am 14.01.2008
Panasonic (2008)	Panasonic.de (Hrsg.), Datenblatt TX-32E50D, Panasonic Deutschland eine Division der Panasonic Marketing Europe GmbH, Hamburg, http://www.produkte.panasonic.de, Zugriff am 05.01.2008
PCLights (2007)	PCLights (Hrsg.), LED Panel Series,PCLigths Inc., Yokohama, http://www.pclights.co.jp/e-ledmovingcatalogs.pdf, Zugriff am 29.12.2007
PCT (2008)	Digit (Hrsg.), How a Projected Capacitive Touchscreen Works, Digit, Druten, http://www.digit.nl/Home/Producten/Technieken/Projected+Capaciti ve/How+AT4+Works/page.aspx/95, Zugriff am 05.01.2008
Philips (2008)	Philips.com (Hrsg.), Datenblatt 32PFL5322-10, Koninklijke Philips Electronics N.V. Eindhoven (NL) 2007, http://www.consumer.philips.com/consumer/de/de/consumer/cc/_pro ductid_32PFL5322_10_DE_CONSUMER/Breitbild-Flat-TV+32PFL5322-10, Zugriff am 05.01 2008
PhysLink (2008)	PhysLink.com (Hrsg.), First white LED using quantum dots created, PhysLink.com, Long Beach CA, http://www.physlink.com/News/071403QuantumDotLED.cfm, Zugriff am 05.01.2008

Literaturverzeichnis

Pichler (1997)	Franz Pichler, 100 Jahre Braunsche Röhre, PLUS LUCIS 2/97 Seite 14-17, http://pluslucis.univie.ac.at/PlusLucis/972/braun.pdf, Zugriff am 08.12.2007
PLC (2007)	Polymers and Liquid Crystals Team (Hrsg.), Polymers & Liquid Crystals, Case Western Reserve University, Cleveland OH, http://plc.cwru.edu/tutorial/enhanced/files/pdlc/intro/intro.htm, Zugriff am 26.12.2007
Ponnath (1991)	Heimo Ponnath und Beatrice Löbl, Der flache Bildschirm, Heimo Ponnath und Beatrice Löbl, Hamburg 1991, http://www.heimo.de/jpool/articles/lcd/dreh.shtml, Zugriff 14.01.2008
Rautherberg (2003)	Matthias Rauterberg, Marino Menozzi & Janet Wesson, Human.Computer Ineraction INTERACT `03, IOS Press, USA 2003
Rechenberg (1999)	Peter Rechenberg & Gustav Pomberger (Hrsg.), Informatik-Handbuch 2. Auflage, Carl Hanser Verlag, München 1999
Reusch (2008)	Rainer Reusch, Über den Schatten und die Kunst des Schattentheaters, Rainer Reusch , Schwäbisch Gmünd, http://www.schattentheater.de/files/deutsch/aktivitaeten/files/weitere/Schatten_und_Kunst.pdf, Zugriff am 01.01.2008
Saint-Gobain (2008)	Saint-Gobain Display Glass (Hrsg.), Field Emission Displays, Saint-Gobain Display Glass, Thourotte, http://www.sgdisplayglass.com/applications/Field_Emission_Displays.html, Zugriff am 14.01.2008
Schauer (2007)	Alexander Schauer, Die besten digitalen Bilderrahmen in allen Größen, CHIP Xonio Online GmbH, München, http://www.chip.de/artikel/c_druckansicht_29103987.html, Zugriff am 27.12.2007
Schnick (2005)	Detlef Schnick, Vergleichs-Test: Stromverbrauch Plasma versus LCD, Hifi Regler, Münchberg 2005, http://www.hifi-regler.de/plasma/lcd-plasma-stromverbrauch-test.php, Zugriff am 06.01.2008
SED (2007)	Canon (Hrsg.), SED Next-Generation Flat-Screen Display, Canon, Tokyo, www.canon.com/technology/canon_tech/explanation/sed.html, Zugriff am 09.12.2007
Serck (2004)	Karsten Serck, DLP & LCD: Video-Projektionstechnik im Vergleich, Hifi Regler, Münchberg 2004, http://www.hifi-regler.de/special/dlp-lcd-videoprojektionstechnik.php?SID=76fbc4500ba07f124bc44664bdf64fbd, Zugriff am 06.01. 2008
Sharp (2007)	Sharp.de (Hrsg.), 108 Zoll: Sharp präsentiert den größten LCD-TV der Welt, Sharp Electronics Europe GmbH, Hamburg 2007, http://www.sharp.de/presse/pressedetails.php?pid=1170&groupid=17&presseart=1, Zugriff am 05.01.2008
Sherwood (2007)	Jonathan Sherwood, Electromagnetic Wormhole – Possible with Invisibility Technology, University of Rochester, Rochester, New York 2007, http://www.rochester.edu/news/printable.php?id=3012, Zugriff am 17.01.2008
Sieweke (2005)	Beate Sieweke, B.I.T. Online Innovativ Band 11: Bibiliothecae Quo Vadis? Herausforderungen an die Bibliothek von morgen, Dinges & Frick GmbH, Wiesbaden 2005

Literaturverzeichnis

Stümpflen (1997)	Volker Stümpflen, Organische Leuchtdioden aus strukturierten Guest-Host-Systemen, Dissertation zur Erlangung des akademischen Grades, Marburg/Lahn 1997, http://archiv.ub.uni-marburg.de/diss/z1997/0385/pdf/z1997-0385.pdf, Zugriff am 29.12.2007
SXRD (2003)	Sony (Hrsg.), Sony develops "SXRD", Sony Corp., Tokyo 2003, http://www.sony.net/SonyInfo/News/Press_Archive/200302/03-008E/, Zugriff am 02.01.2009
Trümper (2007)	Jonas Trümper, Multi-Touch-Systeme und interaktive Oberflachen, TU Berlin, Berlin 2007, http://www.deutsche-telekom-laboratories.de/~usability/hci/presentations/070703-MultiTouch-Vortrag.pdf, Zugriff am 03.01.2008
Venere (2007)	Emil Venere, Transparent Transistors, Purdue University, West Lafayette IN, http://news.uns.purdue.edu/x/2007a/070626JanesTransparent.html, Zugriff am 07.11.2007
Vikuiti (2008)	3M (Hrsg.), Vikuiti™ Blickschutz Filter: Entscheiden Sie, wer zuschaut!, 3M, Neues, http://www.3m-blickschutz.de/, Zugriff am 02.01.2008
Visam (2008)	Visam (Hrsg.)Touchscreen Technik, VISAM GmbH, Neuwied, http://www.visam.de/04_service/touch.php, Zugriff am 05.01.2008
Vogel (2007)	Michael Vogel, Flach wie eine Flunder, pro-physik.de, Weinheim, http://www.pro-physik.de/Phy/leadArticle.do?laid=9269, Zugriff am 04.12.2007
Wilson (2008)	Tracy V. Wilson, How LCoS Works, HowStuffWorks.com, Atlanta GA, http://electronics.howstuffworks.com/lcos.htm, Zugriff am 02.01.2008
Wirth (2001)	Ina Wirth, Untersuchungen an „bananenförmigen" Mesogenen, Dissertation zur Erlangung des akademischen Grades, Halle 2001, http://sundoc.bibliothek.uni-halle.de/diss-online/01/01H128/prom.pdf, Zugriff am 26.12.2007
Wyckoff (2007)	Susan Wyckoff, Experiments by Exploration, Arizona State University, Phoenix AZ, http://acept.asu.edu/courses/phs110/expmts/exp13a.html, Zugriff am 29.12.2007
Zeiss (2007)	Zeiss (Hrsg.), Mit kleinerer Optik helleres Licht erzeugen, Carl Zeiss Jena GmbH, Jena, http://www.zeiss.de/C1256A770030BCE0/WebViewAllD/5E7FD9B1DE200E76C1256EA7002D35AE, Zugriff am 18.01.2008
Zöllner (2007)	Michael Zöllner, Die virtuelle Fabrik auf dem Tisch, Fraunhofer-Institut für Graphische Datenverarbeitung, Darmstadt, http://www.fraunhofer.de/presse/presseinformationen/2007/12/Mediendienst122007Thema6.jsp, Zugriff am 23.12.2007